日本と世界の ダンゴムシ

飼い方 & 原色図鑑

JN213916

著／佐々木浩之

はじめに

　とても身近な生物で、子供たちが大好きなダンゴムシ。子供の頃、公園などで誰しも夢中になって探したものです。

　しかし、あまり深く考えずに「ダンゴムシ」と呼んでいたはず。じつは、皆さんが捕まえていたのは、明治時代の頃にヨーロッパから日本にやってきた外来種なのです。日本にも在来のコシビロダンゴムシの仲間がいますが、それらはとても小型で、林の土の中に生息しているため触れ合うことは少ないです。そのため、沖縄などの南西諸島を除いては、子供たちが捕まえているほぼ100パーセントが外来種のオカダンゴムシなのです。

　そして、「ムシ」と呼んでいますが、正確には等脚類の仲間で、エビやカニなどの甲殻類に近い生物です。この辺りの生物を「ムシ」と呼んだりするので間違いではないですが、昆虫と言ってしまうと明らかな間違いなのを覚えておいてほしいです。「ムシ好き」のスタートになることが多いダンゴムシ。ここから生き物の魅力を知って、広げていっていただきたいです。

　また、親目線の話になりますが、子供たちが捕まえてきた時、できれば気持ち悪がらずに一緒に飼育してみてください。命の大切さやペットの感覚を学べる時間になるはずです。

　ただ、何もわからずに飼育してしまうと、すぐに死なせてしまうことが多いようです。ほとんどの場合は、カラカラに乾燥させて死なせてしまいます。この本でダンゴムシの生態について少し知ってもらえれば、自宅で簡単に飼育できるようになると思います。

佐々木浩之

その**フォルム**や**動^{うご}き**、

フシギ＆カワイイ!!

"ダンゴスタイル"も、
とってもユニーク!!

日本と世界の

（目次）

ダンゴムシ

飼い方 & 原色図鑑

第6章で掲載している ダンゴムシ

50音順、数字は掲載ページ

第1章

知ってる？ダンゴムシ

多くの人はオカダンゴムシしか見たことがなく、外来種であることも知らないことと思います。ダンゴムシを飼育する前に、どんな生き物なのかを知ってからスタートしましょう。

ダンゴムシってどんな「ムシ」?

ダンゴムシは土壌動物

ダンゴムシは等脚目と呼ばれる、ワラジムシ目ワラジムシ亜目の中で、丸まって防御姿勢をとるグループをダンゴムシと呼んでいます。ただし、なんでも例外はあるもので、ほぼ丸まらないダンゴムシや、ある程度丸まることができるワラジムシもいますが、丸まることが特徴と言って良いでしょう。

そして、多くのダンゴムシは土壌動物と呼ばれる土壌を生活圏にする生物の一つで、落ち葉などを食べて土にもどす「分解者」の役割を果たしています。ダンゴムシだけで分解できるわけではないですが、落ち葉や木などを土に戻す役割の一端を担っています。そのため、ダンゴムシの飼育に腐葉土や落ち葉などを用いると良いのです。

繁殖力が高いオカダンゴムシ

日本で見られるダンゴムシは大きく3つに分けられます。

・オカダンゴムシ科 Armadillidiidae

オカダンゴムシ属 *Armadillidium*

・コシビロダンゴムシ科 Armadillidae

タマコシビロダンゴムシ属 *Spherillo*

ナガホゾコシビロダンゴムシ属 *Venezillo*

ネッタイコシビロダンゴムシ属 *Cubaris*

・ハマダンゴムシ科 Tylidae

ハマダンゴムシ属 *Tylos*

コシビロダンゴムシと海岸に生息するハマダンゴムシが日本に生息するダンゴムシでしたが、明治以降オカダンゴムシが移入してからは、現在もっとも見られるのはオカダンゴムシになっています。オカダンゴムシが在来のコシビロダンゴムシを駆逐してしまうわけではありませんが、オカダンゴムシの繁殖力には驚かされます。

また、あまり知られていませんが、ダンゴムシの面白い生態は子供たちの自由研究などでも用いられています。とくに「交替性転向反応」は面白く、歩いているダンゴムシは突き当たりで最初に左に曲がった場合、次は右に曲がるという習性が知られています。この交互に曲がる特性から、小さな迷路を作ってダンゴムシをうまく誘導し、ゴールまで導く迷路パターンを作ってみたりする実験ができるのです。

可愛らしいイメージが強いダンゴムシだが、よくみると精悍な顔つき。

探してみると、色々な体色の個体がいるのがダンゴムシ観察の楽しいところ。

メス個体は、茶色が基調色なことがほとんど。

腹尾節が逆三角形なのがオカダンゴムシの特徴。

ダンゴムシのからだ

ダンゴムシのからだは大きく、頭部、胸部、腹部、尾部の4つに分かれている。

ダンゴムシの最大の特徴で、可愛らしさのポイントが丸まることです。捕まえやすさも相まって、これが子供たちに人気の理由でしょう。この丸まった状態を「球体化防御姿勢」と言います。この防御はアリやハサミムシ、ムカデの幼体などの天敵からの攻撃をかわすことができる優れものです。背中はとても硬く、キチン質のクチクラ層と呼ばれるキューティクルでできています。

ダンゴムシのからだは、頭部1節、胸部7節、腹部5節、尾部1節のパーツからできています。体が節に分かれていることによって丸まることができるのです。

足は胸部のそれぞれの節に一対あり、7対14本あります。ただ、産まれたての赤ちゃんはマンカ幼生と呼ばれ、足は6対12本。脱皮をして成体と同じ7対14本の歩脚となります。

また、2本の触角を使って障害物の回避や餌などを探して動き回ります。しかし、実はダンゴムシの触角は2対4本で、メインで使っている触角は第二触角です。極小の第一触角は第二触角の付け根にあります。触角は種類によって長さがだいぶ異なり、短い触角を細かく振る種や、ワラジムシのように長い触角を折りたたんでじっとしている種など様々です。

触角

頭部
（1節）

胸部
（7節）

腹部
（5節）

尾部（1節）

胸部の7つの節から7対の胸脚があるのが特徴。

誰もが知っている、ダンゴムシの丸まった姿。

ダンゴムシの口は硬く、かなり硬い落ち葉などでも食べてしまう。

ダンゴムシの足にはブラシのような毛があり、コンクリートなどは垂直面でも登れる。

オスとメスの違い

ダンゴムシ全体で見ると、オス・メスを見分けるには腹部の生殖器をルーペなどで見ることで判別できます。しかし、皆さんが目にしているオカダンゴムシは、ダンゴムシの中でも比較的オス・メスの見分けが容易です。

オス・メスでの色彩差があり、基本的にはオスはグレーから黒っぽい基調色で、

オス

グレーの基調色に、あまり模様が入らないのがオスの特徴。たまに模様の入るオスもいるので探すのも面白い。

真横から見ると少し扁平に見える。

オスが防御姿勢をとると、黒い石のようになってしまう。

オスは生殖器が見えるので、腹部をルーペなどで見れば確実に判別できる。

ヨーロッパ

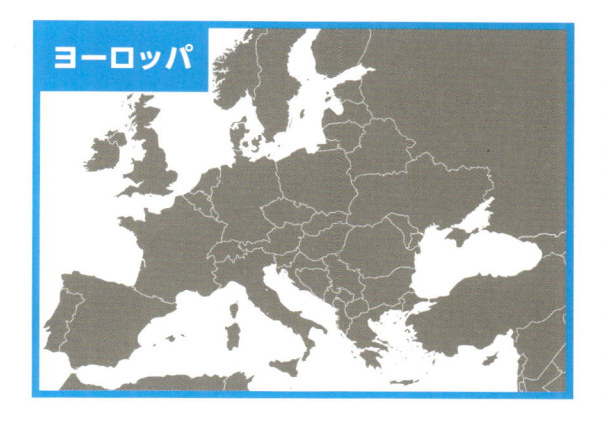

ヨーロッパには色彩豊かなダンゴムシが多く生息している。

ギリシャに生息する、スポット模様の美しいダンゴムシ。

ゼブラダンゴムシはフランスに生息している美しいダンゴムシ。

東南アジア

タイなどを中心に、キュバリス属のダンゴムシなどが多く輸入されて愛好家を喜ばせている。

ベトナムを中心に生息しているカラフルなダンゴムシたち。近年最も人気の高いカテゴリーだ。

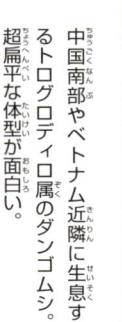

全身トゲトゲのラウレオラ属のダンゴムシ。これから多くの種類が紹介されていくだろう。

中国南部やベトナム近隣に生息するトログロディロ属のダンゴムシ。超扁平な体型が面白い。

ダンゴムシに近い仲間

ダンゴムシと同じ等脚目(ワラジムシ目)であるワラジムシは、ダンゴムシと同じくらい身近な生物です。ダンゴムシと同じく、都市部などで多く見られるのは、ワラジムシやクマワラジムシ、ホソワラジムシなどの外来種です。コシビロダンゴムシが生息しているような古くからの森林を観察すると、ハヤシワラジムシなどの在来のワラジムシの仲間や、ヒメフナムシなどの等脚目の土壌動物を見ることができます。ダンゴムシと違い丸まることはなく、ダンゴムシに比べて素早さで身を守っています。同じような環境に生息しているため、ダンゴムシと同様の飼育方法で飼育できますが、ワラジムシの方が乾燥に強い傾向があります。

また、ダンゴムシと同じように種類数も多く、美しい外国産のワラジムシが多く流通しています。それらの改良品種も見られるので愛好家も多いです。

ワラジムシ
Porcellio scaber
日本でワラジムシと呼ばれるのが本種。オカダンゴムシと同じく外来種で、最もポピュラー種となったワラジムシ。

ホソワラジムシ
Porcellionides pruinosus
ワラジムシよりも細身でツルッとした印象。爬虫両生類の餌としても流通している。

ダルメシアンクマワラジムシ
Porcellio laevis var.
ワラジムシの改良種として最もポピュラー。外来種のクマワラジムシを元に品種化された。

エキスパンサスフチゾリオオワラジムシ
Porcellio expansus
スペインに生息する、最も美しいワラジムシの一つ。とても人気が高いが、飼育繁殖がやや難しかったため高値で流通していた。

第2章

ダンゴムシを捕まえよう

飼育するダンゴムシを状態よく持ち帰る方法を覚え、ルールを守って適切な匹数を持ち帰りましょう。絶対に放さないようにして、最後まで責任を持って飼育することが大切です。

ダンゴムシはどこにいる？

オカダンゴムシは公園や街路樹、学校や民家の花壇などでも見ることができます。ただし、在来種のコシビロダンゴムシの仲間は古くから残る公園、神社仏閣などの雑木林などに生息しています。なぜなら、一見良さげな林だったとしても、植林された公園などではコシビロダンゴムシの仲間はいなくなっているのです。ただし、植林されていても海岸近くの防風林などには生息している確率があります。

探すポイントとしては、あまり日差しの当たるカラカラな場所ではなく、落ち葉の多くある木陰などを探してみると良いでしょう。オカダンゴムシは昼間でも歩いていることが多いので、それら周辺を探せばたくさんいる場所を探せます。とくに雨上がりなどはフラフラと歩いている姿を多く観察できます。また、雨上がりにブロック塀などに張り付いているオカダンゴムシをよく見ますが、湿度などがちょうど良く過ごしやすいのではと思われます。

そして、冬になるとダンゴムシをあまり見かけなくなります。気温が低くなると、倒木や落ち葉の下、都市部ではブロックや石の下で越冬してしまうからです。ただ、冬場は温度変化の少ない越冬場所さえ見つけてしまえば、暖かい季節よりも簡単に捕まえられることも多いです。

ダンゴムシの生息場所
やや薄明りの落ち葉の多い場所を探してみる。コシビロダンゴムシも一緒に探したいのであれば、古くからの神社や公園などがおすすめ。

オカダンゴムシは、街中でも落ち葉が溜まった場所などでは多く見られる。

コシビロダンゴムシの探し方
古くから残る林の中の、ふかふかした土の場所を探す。このような菌糸などが混ざっている土であればベター。

採集と持ち帰り方

ダンゴムシの採集の際、子供たちは指でつまんで捕まえますが、これから飼育するダンゴムシを弱らせないように、採集の際はプラスティック製のスプーンなどを使用すると良いでしょう。できれば先が少し尖り気味の方が、丸まったダンゴムシを拾いやすいです。また、白いスプーンの方がダンゴムシが見えやすく、少々暗い日陰では重宝します。落ち葉が多い場所では、落ち葉を軽くどかす小さなスコップなどもあるとさらに便利です。まれに尖った枝などがまぎれているからです。

そして、ダンゴムシの採集した時、最も大切なことは乾燥させないことです。子供たちが失敗する大半が、捕まえたダンゴムシを紙の箱や、カラカラの砂を入れたプラケースなどで長時間放置して死なせてしまうことなのです。

ダンゴムシはエビやカニなどの甲殻類に近い仲間だと話したとおり、呼吸には水分が必要で、呼吸に関して少々デリケートなところがあります。腹部に呼吸器官があり、湿度を保っていないと呼吸できないのですが、その器官が水に浸かってしまうと溺れてしまうと言う微妙なバランスで呼吸しているのです。そのため、採集の際もキッチンペーパーなどに霧吹きをして乾燥しないようにキープしてあげることが大切です。子供たちなりに色々考えて砂を入れてあげるのでしょうが、それが裏目に出て脱水させてしまいます。

特に夏場はカラカラになって弱ってしまうことが多いので、軽く湿らせてあげるようにしましょう。ただし、密封して温度が上がってしまうと蒸れてしまうので、蒸れないように持ち帰るのも大切です。ダンゴムシはある程度の湿度と風通しが必要な生物なのです。

誰でも簡単に採集できるのがダンゴムシ。

1

採集したダンゴムシが乾燥しないように、湿らせたキッチンペーパーを入れておくと良い。

2

乾燥するようであれば、軽く霧吹きしてあげる。

3

これだけで、弱らせることなく持ち帰れます。ただし、蒸れないようにしましょう。

4

プラスティックのスプーンを使用するのが便利。

5

ある程度落ち葉などをどかせたら、計量スプーンを使用するのもお勧め。

深さのある計量スプーンはダンゴムシ採集に最適。

6

ダンゴムシをうまくすくえたら、適度に湿らせたキッチンペーパーを入れたケースに捕獲。

7

採集したダンゴムシを乾燥させないことが大切。

8

繁殖を観察するために、オス・メスをバランスよく採集するとよい。

ダンゴムシの購入

オカダンゴムシは簡単に採集することができますが、その他の外国産のダンゴムシはショップやイベント、ネット販売などで購入することになります。現在多くの外国産ダンゴムシが輸入されていて、国内でブリードされています。販売されているほとんどは、輸入された個体ではなく、ブリーダーや愛好家が繁殖させた個体です。最初はある程度国内の環境に適応したブリード個体の方が安心なので、爬虫類ショップやダンゴムシを多く扱っているネット販売のショップから購入することになります。

そして、それらのショップや愛好家が出店しているイベントなどは近年頻繁に行われていて、直接購入できることからダンゴムシの購入に最も適しているでしょう。購入したダンゴムシの飼育環境の話も聞けるので、飼育環境を整える上で

もおすすめできます。爬虫類や昆虫などの虫の即売会、アクアリウムイベントなどをチェックして訪れてほしいです。

また、オークションサイトなどで愛好家が繁殖させた個体は、飼育が難しくない安定した種が多いので安心とも言えます。

ただし、少々注意したいのは夏場の購入でしょう。冬場に温帯域のダンゴムシを発送してもらうのはややリスクがありますが、夏場の高温の方が難しい場合が多いです。輸送中や置き配などで高温になってしまうと死んでしまうことがあるうえ、発送ケースの中が蒸れてしまうのも危険が伴います。出品者の梱包がしっかりしているかを評価欄などでチェックすると良いでしょう。できれば真夏と真冬はショップやイベントなどで直接購入することをお勧めします。

動物の即売会などのイベントは、ダンゴムシを購入するのに最適。

ショップやイベント

イベントでのダンゴムシ販売の様子。

ネット販売

ネットで購入すると、このような状態で梱包されている。生体に負担がかからないよう、到着の早い宅配便を利用したい。

青いダンゴムシ

ダンゴムシを採集していると、稀に青いダンゴムシに出会うことがあります。最初は驚くかもしれませんが、近年その正体が認知されてきています。

実は、青いダンゴムシはイリドウイルスに感染している病気のダンゴムシなのです。はじめは淡い紫色のように見えますが、感染が進行すると真っ青になって、不謹慎ながら美しいと思ってしまいます。

そして、美しくなればなるほど死期が近づき、やがて死んでしまいます。

感染力はあまり高くないと言われていますが、筆者が青いオカダンゴムシを見つけた場所では、コシビロダンゴムシやワラジムシも青い個体がいました。ただ、元気な個体がほとんどだったので、やはり感染力はあまり強くないと思われます。

イリドウイルスに感染して青くなってしまったオカダンゴムシ。

美しい青だが、もうすぐ動けなくなってしまう運命だ。

イリドウイルスに感染したトウキョウコシビロダンゴムシ。

イリドウイルスに感染したワラジムシの一種。

第3章
飼育に必要なこと

飼育をスタートする前に、ダンゴムシの飼育に必要なことを知りましょう。ダンゴムシの生態の情報や、必要なグッズなどを先に手に入れておくことが大切です。

ダンゴムシの飼い方

湿度と通気性を確保する

ダンゴムシの飼育は決して難しくありませんが、ダンゴムシの生態を理解していないと失敗してしまいます。子供たちの失敗原因で最も多いのが、乾燥させて死なせてしまうことです。

少々難しい話になりますが、ダンゴムシは腹部にある腹肢に肺（Pleopodal lung）と呼ばれる空気呼吸器官を持っています。人間などの脊椎動物が持つ肺とは進化的な起源が異なり、偽気管（Pseudotrachea）、白体（White body）とも呼ばれています。種によって形成される数や形態は違い、オカダンゴムシの仲間は

2対4個、コシビロダンゴムシの仲間は5対10個の肺を持っています。これを使って呼吸をしているのですが、肺はある程度の湿度がないとうまく機能しないそうです。しかも、肺に長い時間水が直接かかってしまうと溺れてしまうという、意外と厄介なものなのです。ダンゴムシを飼育するのに湿度が必要なのはこのためです。

オカダンゴムシの仲間は他のダンゴムシに比べて乾燥に強い傾向があります。そのため、霧吹きなどである程度湿度を与えてあげれば飼育ができます。逆にトウキョウコシビロダンゴムシなどの在来

飼育ケース内で落ち葉を食べるオカダンゴムシ。飼育数が多いと、あっと言う間に葉脈だけになってしまう。

のコシビロダンゴムシの仲間は、湿度のある腐葉土などの中で飼育を行うので、オカダンゴムシよりも水分量を多めにして飼育します。ただし、床材が湿った状態で温度が上がってしまうとケース内が蒸れて死んでしまうので、ケース内の半分に水分を与えて部分的に湿度を上げるやり方が一般的となっています。

そして、海外のダンゴムシの中には樹上性のダンゴムシも多いです。これらのダンゴムシは湿度の高い熱帯雨林の中で暮らしていますが、やや高い場所は地面とは違って通気性があります。そのため、蒸れにとても弱い種が多いので、それら

はこの点を考慮して飼育環境を作ってあげることが大切になってきます。

ダンゴムシを飼育する上で最も大切なのは、湿度の確保と通気性なのです。これは一見簡単そうに聞こえますが、湿度を保ちつつ通気性を良くするというのは相反することで少々難しいものです。しかし、愛好家などの努力により飼育ケースの作り方がわかってきて、多くのダンゴムシを飼育できるようになりました。そのコツさえわかってしまえば飼育は難しくないので、飼育する種類の特徴をしっかり把握して、適切な飼育環境を整えてください。

ダンゴムシを飼育する飼育セット。上の写真は外国産のダンゴムシも飼育できる基本セットで、右の写真はオカダンゴムシを簡単に飼育する簡単飼育セット。

飼育で大切なこと

1. 水分がなくカラカラだと呼吸ができなく死んでしまう。
2. 直接水に浸かってしまうと溺れてしまう（とくに幼体）。
3. ケース内が蒸れてしまうと死んでしまう（とくに夏場）。
4. ケースの半分に加水し、ケース半分の通気性を良くする。

これさえ気をつけてクリアできれば大抵のダンゴムシは飼育できます。まず、床材には腐葉土を使用するのが一般的です。ただし、腐葉土だけをそのまま使用していると、すぐに目が詰まって重たい土のようになってしまいます。そのため、ヤシガラなどを混ぜてふわっとさせることがおすすめです。また、カルシウム分の補給と床材が酸性になりすぎないように、サンゴ砂や有機石灰を少々加えると良いです。

そして、大切なのが適度な湿度を保つために、メイン床材の下に赤玉土を敷くのがコツとなります。このやり方が普及してから、飼育が難しかった種の飼育が進歩したと言えます。ケースの片側にミズゴケを配置し

て、加水をミズゴケと下の赤玉土にすればさらに良いでしょう。それほど難しいことではないので、最初にしっかりセットすれば安心です。

基本に沿ったセットをしても、それでも失敗してしまうことはあります。ちょっとしたセットの仕方や、設置場所でも飼育環境はかなり違ってしまうのです。同じ飼育方法でも、ある人は「この種は飼育が簡単」と言ったり、他の人は「すごく難しい」と言ったりしているのはそのためです。失敗しないに越したことはありませんが、色々飼育してみて、自分の飼育環境に合った種を見つけてほしいです。

湿度と通気性を両立できる飼育セット。立体感を出し、高さを作ることも大切になる。

脱皮

ダンゴムシは昆虫とは違い、成虫になっても脱皮を行います。やはり、そこは甲殻類に近い仲間なので、脱皮を繰り返して成長していくのです。そして、脱皮は頭側と尻側の半分ずつ行います。たまに、半分だけ体色が違うダンゴムシを見かけるのはそのためです。

脱皮する生物にとって、脱皮は命懸けの行動です。たとえば、ザリガニの脱皮は、外骨格だけが大きくなるわけではありません。脱皮によって内臓器官などもリニューアルしています。そのため、理論上は成長し続けて死にません。ただし、大型の個体になればなるほど、脱皮にリスクがともない、脱皮の失敗で死んでしまうのです。捕食や環境悪化などの外的要因もありますが、飼育下では脱皮がうまくいかずに死んでしまうケースも多いです。

そして、それはダンゴムシにも言え、完全なリニューアルをしているわけではありませんが、ダンゴムシも脱皮不全による死因の確率はかなり高いと思います。また、種によって脱皮場所に違いが見られ、地中で行う種や植物に登って行う種など様々です。脱皮のリスクを極力少なくする環境を整えることが、その種をうまく飼育すると言っても過言ではありません。

脱皮したダンゴムシの皮。

口なども綺麗に脱皮されている。

このように脱皮は体半分ずつ行われる。

半分脱皮が終わった状態。

飼育グッズ

ダンゴムシ飼育に必要なグッズは、まず保水性と通気性をコントロールしやすいケースです。一般的なプラケースや安価な塩ビ（ポリ塩化ビニル）のケースでもなんとか飼育できますが、飼育のやや難しい種類を飼育する時のために色々と対応できるケースで揃えていた方が後々のために良いでしょう。コレクション性の高いダンゴムシの飼育を始めようとしている方の性格は、そろっていることが好きですから。

そして、最も大切なのが床材になります。大抵の種類は腐葉土だけでも飼育はできますが、赤玉土を下に敷いたり、腐葉土にヤシガラやサンゴ砂を配合したりして、飼育する種はもちろん自分の飼育環境に合ったバランスを掴むことが大切です。

ここでは床材と合わせて、採集や飼育時にあると便利な道具も紹介します。

飼育ケース

オカダンゴムシの飼育は大抵のケースで飼育できますが、おすすめの飼育ケースを何点か紹介します。自分の好みに合わせて購入しましょう。また、飼育が少々難しいダンゴムシの飼育には、飼育する種に合わせて加工しやすいケースがおすすめです。

クリアスライダー

虫や爬虫両生類の飼育に適したプラスチックケース。大小様々なサイズがあるので、飼育数に合わせて選ぶことができる。通気口が小さくなっていてコバエの侵入も防げる。

デジケース

これも虫や爬虫両生類の飼育に適したプラスティックケースで、サイズも豊富。通気性が必要なときは上部の蓋を加工すると良い。

マルチケース

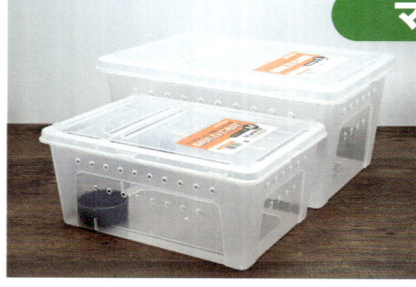

爬虫両生類用の飼育ケース。PVC素材で柔らかく、加工が容易なので中級者以上におすすめのケース。ただし、コバエの対策には加工が必要。

床材やカルシウム

オカダンゴムシの飼育は腐葉土だけで可能ですが、色々とブレンドすると飼育やメンテナンスが楽になります。自分の飼育する種に合わせた配合を決められると良いでしょう。また、脱皮に必要なカルシウムをどのように与えるかも大切になってきます。

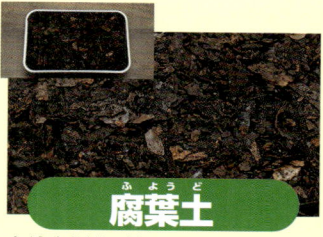

腐葉土

腐葉土自体が餌にもなるので、コバエ対策ができればメインの床材として最も適している。ただし、園芸用の腐葉土には肥料分などが配合されているものもあるので、腐葉土100パーセントのものを使用すると良い。

赤玉土

メイン床材の下に敷くことで保水性を高めてくれる。中型の粒のものが使いやすい。

ヤシガラ

腐葉土に何割か混ぜることで床材を柔らかくしてくれる。園芸店や爬虫類ショップなどで販売されている。

ハスクチップ

ヤシガラの荒いもの。床材に混ぜて通気性をよくしたりもできるし、床材表面に少々入れてあげると幼体の隠れ家にもなる。

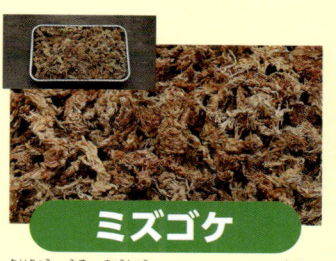

ミズゴケ

大量の水を吸収するのでケース内の保水に役立つ。ケースのサイドに使用すると良い。水を吸収させてから使用する。

燻炭

土壌改良材として使用されている籾殻の炭。土壌の酸性傾向を和らげてくれる効果がある。これはお好みで使用すると良い。

貝の殻や卵の殻を砕いたもの。サンゴ砂と同じようにカルシウム補給、土壌の酸性化を和らげる効果がある。主に園芸店などで販売されている。

有機石灰

サンゴ砂

サンゴの化石が細かくなったもので、ダンゴムシのカルシウム補給はもちろん土壌の酸性化を和らげる効果もある。床材に少量混ぜてあげるのがおすすめ。アクアリウムショップなどで購入できる。

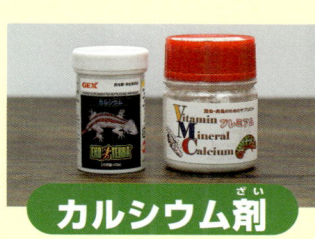

カルシウム剤

爬虫類ショップなどで販売されているカルシウム材。餌に混ぜて使用するときにおすすめ。

カトルボーン

主に鳥のカルシウム補給に使われている、コウイカの内在性の殻。カルシウム補給に効果があり、ケースに小分けにして使用することができる。

シェルター

　ダンゴムシの多くは隠れてじっとしていることが多いので、隠れ家を作ってあげるととても落ち着きます。よく使用されるのは樹皮などで、コルクの樹皮を使用する飼育者も多いです。また、使い捨てにできるので、紙製の卵トレーを使用するブリーダーも多いです。ただ、飼育には樹皮などの方が見栄えが良いです。

樹皮

カブトムシ、クワガタの飼育用にクヌギなどの樹皮が販売されていて、ダンゴムシの隠れ家に適している。

止まり木

樹上性のダンゴムシはこのような枝に登るのが好きなので、レイアウトに使用してみるのも良い。

ハスの花托

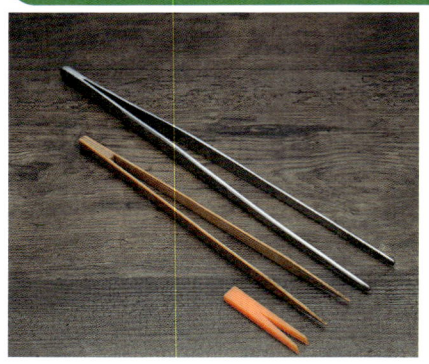

フラワーアレンジなどで使用される、ハスの実が入っている円錐形の花托。ヨーロッパなどではダンゴムシのシェルターに使用している愛好家が多い。

あると便利なグッズ

　飼育ケースのセット時や、メンテナンスにあると便利なグッズを紹介します。また、飼育ケースの加工に便利なグッズも色々とありますが、ここでは少しだけ紹介します。

ピンセット

ピンセットは大小の大きさを持っておくと便利。筆者は竹製のピンセットも愛用している。ただし、慣れないとダンゴムシを潰してしまうので、ダンゴムシ自体を摘むのは避けた方が良い。

やわらかピンセット

カブトムシ、クワガタの卵や幼虫用のシリコン性の柔らかいピンセット。摘む力を吸収してくれるので、小さいダンゴムシも潰さずに摘むことができる優れもの。

スプーン

クワガタの菌糸瓶の掘り出しなどで使用する硬化スプーンはあると便利。床材を混ぜたり、ケース内の土を掘ったりするのにとても役立つ。採集の際はプラ製の白いスプーンを用意すると良い。

土入れ

園芸用の土入れ。腐葉土や赤玉土を扱っていると必ずと言って良いほどケースの外にこぼすので、安価なのではじめから用意したい。

網戸補修シール

高い通気性が必要な種を飼育するとき、ケースに大きく穴を開けてそこに使用すると便利。脱走防止になるが、コバエは侵入してしまうサイズ。そのため不織布をかませるとよい。

タイペスト紙シール

コバエ対策で空気穴などを塞ぐときに便利。完全に塞いでしまうわけではなく、ある程度空気は取り入れることはできるが、通気性は高くない。

不織布

通気性を確保しながらコバエの侵入を防ぐのに便利なグッズ。一般的なプラケースではコバエに対処できないので、蓋とケースの間に挟むとよい。いろいろな大きさにカットできるのも便利。

ダンゴムシの餌

オカダンゴムシの仲間は、思いのほか何でも食べますが、基本的には土壌動物だと頭に入れて餌を選びましょう。床材に腐葉土を使用していればそれらも食べますが、カルシウム分を含んでいる金魚やカメの餌を与えてあげると喜びます。また、落ち葉などでは葛の葉が好きな種類が多いです。その他では朴の葉や枇杷の葉、栗の葉などもよく食べてくれます。隠れ家としてダンゴムシたちが落ち着くので、入れていて損はないはずです。

そして、家庭で余った野菜などを与えても良いです。ニンジンやキュウリは好んで食べます。ニンジンは驚くほどよく食べるので、気をつけないと与えすぎてしまうほどですが、水分の多い物は傷みが早いので注意が必要です。

カビに注意しながら与えていくことも大切です。繁殖して飼育数が殖えていくと与えやすくなりますが、最初のうち、ケース内の飼育数が少ないと食べ残しが多くなってカビてしまうことが多いです。対策としては、餌皿を使用して、床材に直接置かないようにすることや、少量をこまめに与えるようにしましょう。

それでもすぐにカビてしまうようなら、それはケースの通気性があまりよくないかもしれません。ケースの半分は通気性をよくして、そちらサイドに餌皿をセットしましょう。カビは絶対になくなることはないですが、これらでかなり改善されるはずです。

（左）ニンジンはダンゴムシがよく食べる野菜。定期的に与えても良い。（上）餌を食べる様子。

餌皿

餌を床材に直に置くとカビてしまう率が高く、掃除も大変なので餌皿を使用すると良い。ペットボトルの蓋を加工したものや、小さな植木鉢の受け皿なども良い。個人的に使用しているのは、椅子の足に付ける傷防止のゴムパッドにちょうどよいサイズがあった。

金魚の餌とカメの餌

金魚の餌は安価で栄養素も高いのでおすすめ。オカダンゴムシは好んで食べてくれる。また、カメの餌も良い餌で、種類によってはこちらの方が好きなこともある。

押し麦

あまり知られてないが、種類によってはよく食べてくれる。ワラジムシも好んで食べることが多い。保存も容易なのでおやつ程度におすすめの餌。

クワガタ用の菌糸

クワガタ幼虫用の植菌菌糸。まだ実験段階だが、土に潜るタイプのダンゴムシが食べてくれた。

葛の葉

ダンゴムシがもっとも好んで食べてくれる葉。イベントやネットでも販売されているが、河川敷やちょっとした空き地などでも自生しているので採取でき、乾燥させて保存すると良い。

枇杷の葉

大きめの葉なのでシェルターとしても利用でき、少々硬い葉だが多くのダンゴムシが食べてくれる。枇杷がなっている庭などの家の方に落ち葉を拾って良いか聞けば、大抵は頂けるだろう。

東南アジア産の落ち葉

アクアリウムショップなどで販売されている落ち葉。傘の木の落ち葉で、東南アジアではアンブレラリーフと呼ばれている。通常は水槽などで使用するが、ダンゴムも食べてくれる。

コラム②
コバエ対策

　ダンゴムシは鳴かないですし、匂いもあまりない飼育の手軽な生き物です。しかし、飼育に腐葉土などの土を部屋の中に入れるため、もっとも頭を悩ませるのがコバエです。コバエと言っても様々で、腐葉土などの中に卵で侵入してくる多くがキノコバエの仲間です。一度侵入させてケース内で増殖してしまうと駆逐するのは困難なので、持ち込まないことが大切です。ただ、腐葉土を使用するとそれもかなり難しいので、完璧を求めるなら使用する腐葉土を冷凍保存するか、電子レンジなどで卵を駆除してから使用しなければいけません。

　近年では湿らせたキッチンペーパーやティッシュなどでパックされて販売されていることが多くなっていますが、ダンゴムシを購入した時に入っている腐葉土や落ち葉から侵入することも多いので、できるだけ個体だけをケースに投入するような予防も必要です。また、庭や花壇などから自然に侵入する時もあるので、ケースにコバエ侵入防止のシートや不織布などでガードすることも大切です。

　そして、餌をコンスタントにしっかり与えられるのであれば、腐葉土を使用しない飼育方法で対策できます。アクアリウムなどで使用されている底床のソイル、キノコバエの卵の混入が少ないヤシガラや赤玉土を床材のメインに使用してコバエの侵入を防ぎます。

キノコバエの仲間
一度増殖してしまうとかなり厄介なキノコバエ。最初に侵入しないように注意したい。

キノコバエの幼虫
多湿の環境だと幼虫が活発に成長するようだ。

キノコバエの蛹
蛹に成長したキノコバエ。羽化してしまうと一気に繁殖行動に移る。

第4章

ダンゴムシを
飼育しよう

ダンゴムシを捕まえたり、または購入して、飼育グッズを揃えたら、ここからがダンゴムシ飼育の本番です。しっかり基本を覚えて、失敗のないダンゴムシライフをスタートしましょう。

オカダンゴムシ簡単飼育セット

オカダンゴムシは環境への適応力が高いので、簡単な設備で飼育ができます。まずは20～30cm程度の蓋のあるプラケースを使用すると良いです。そこに腐葉土を入れますが、オカダンゴムシは土によく潜るので10cm程度は敷いてあげると良いです。そして、腐葉土を入れたケースの片方のサイドに霧吹きをして軽く湿らせてあげます。あまりビショビショにならない程度で大丈夫です。

大体のセットができたら、カルシウム分の補給のためカトルボーンや有機石灰を少量入れてあげればベストです。もしなければ、黒板用の白いチョークを少し入れてあげても代用できます。さらに拾ってきた落ち葉も入れてあげればダンゴムシたちが落ち着いてくれるでしょう。ニンジンなどの餌を与えるようであれば、小さな餌皿を入れて使用しましょう。その際、カビないように霧吹きをしない側に設置することが大切です。

あとは採集したダンゴムシを入れて、2～3日に一度、乾燥しないように霧吹きをしてあげます。

飼育するためのグッズ

腐葉土、樹皮、餌皿、カトルボーン

ある程度通気性のあるケースを用意する。湿度は霧吹きで保つと良い。

できれば殺菌処理した腐葉土を使用する。コバエの発生を防げる。

ダンゴムシが潜れる程度の深さにしてあげる。

広葉樹の落ち葉を入れてあげると良い。

隠れ家の樹皮なども入れてあげよう。

カルシウム補給のため、カトルボーンを入れる。

7

餌にカビが生えることが多いので、餌皿を使用すると良い。

8

ケースの片側だけ霧吹きをして、湿度の強弱を作ってあげる。

9

ダンゴムシを飼育するケースの準備完成。

10

採集してきたダンゴムシを入れてみよう。

11

ケースの蓋をしっかりして、ある程度の湿度を保つようにする。

12

落ち葉側に霧吹きをして、餌皿を置く方はやや乾燥気味にして
あげるのがコツ。

13

たまに霧吹きをし、これで状態良くダンゴムシが飼育できる。

ダンゴムシ基本飼育セット

ここではオカダンゴムシはもちろん、コシビロダンゴムシや外国産のダンゴムシの仲間を広く飼育できる飼育セットを紹介します。基本的にはケースの片側に通気口を少し作って通気性を良くし、逆側は赤玉土とミズゴケで湿度を確保するようにしたセットです。

まずはケースの片側に赤玉土を多めに敷いて、保湿ができる状態にします。そこに腐葉土、ヤシガラ、サンゴ砂をブレンドした床材を敷きます。ちょうど赤玉土の上くらいにミズゴケを配置して、ミズゴケ周辺を加水してあげればちょうど良くなるでしょう。

外国産のダンゴムシの中には、土の中よりも樹皮や葉に張り付いているのが好みの種が多いので、隠れ家の樹皮や、餌にもなる葛の葉などの落ち葉を多く入れてあげると良いです。餌皿はカビの発生を防ぐためにも通気性の良い側に配置します。葛の葉もカビが発生することがあるので、できれば通気性の良い側に置いてあげた方が良いでしょう。

飼育するためのグッズ

今回はやや大きめのデジケースを使用する。

デジケースは蓋全体に空気穴が開いているので、少々加工する。

通気性を良くするため、手前の一部を切り取った。

このままではコバエの侵入などがあるので、穴に不織布を貼り付ける。

網戸の補修シールを使用すると、綺麗にしっかり固定できる。

加水する側の蓋に、少しだけテープを貼って穴を塞いだ。

飼育ケースの加工が完成。

床材の配合

腐葉土をメインにした床材をブレンドする。

カルシウム補給と、床材の酸性化を防ぐためサンゴ砂を入れる。

床材を柔らかくするためにヤシガラを何割か入れると良い。

しっかり混ぜて使用する。ここではあまり加水しなくて良いだろう。

出来上がった床材を使用していく。余ったらジップ付きの袋で保管しても良い。

7

蓋の加工が終わったケースを準備。

8

ケースの奥側に赤玉土を多めに敷く。

9

ここで赤玉土にある程度加水しておく。

10

加水した赤玉土の上に、ブレンドした床材を入れていく。

ミズゴケの準備

ミズゴケを器に入れる。

ミズゴケに水を十分に含ませる。汚れが多い時はきれいにする。

適度に水を絞って使用する。

11

ケースの奥側にミズゴケを入れる。奥側が湿潤となる。

12

餌皿は手前の通気性の良い場所に設置するとカビを少なくできる。カトルボーンも入れる。

13

隠れ家となる樹皮を設置する。樹皮は重ねて高さを出すとベスト。

14

飼育セットが完成したら、飼育するダンゴムシを投入する。

15

手前側に葛の葉を入れた。

16

基本的なダンゴムシの飼育セットの完成。設置場所が安定していれば、多くの種のダンゴムシを飼育できる。

飼育ケースに入った
アンバーダッキー。

さっそく葛の葉にくっつい
ている。可愛らしい光景だ。

加水ができない日が続く時は、
アンプルを使用しても良い。

餌皿に餌を入れておこう。

通気性を高めた飼育セット

樹上性のダンゴムシなど高い通気性が必要な種は、通気性はもちろん、ケース内の高さを作ることが大切になります。これらのダンゴムシは蒸れにとても弱い傾向があり、床材に湿度をもたせながらもケース中央から上部に通気性を確保します。

今回はある程度のサイズがあって、加工の容易なマルチケースを使用しました。

ケースの蓋やサイドにも通気口を作り、通気性をかなり確保しています。床材などは基本的な飼育方法と変わりはないですが、地衣類がついた樹皮などを立てかけて高さを出しています。樹上性のダンゴムシは動き回って登ったりするのが好きなので、このようにレイアウトしています。また、種類によっては地衣類を好んで食べるので、餌としても適しています。

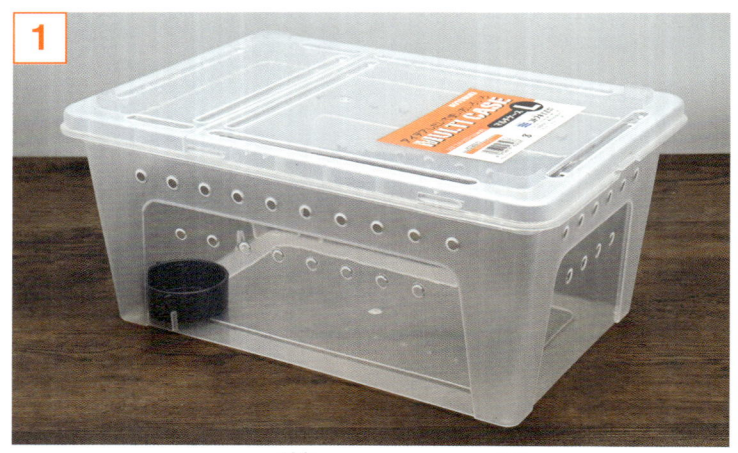

1

コトブキ工芸のマルチケース L を使用。

2

サークルカッターを使用して、大きな円形の穴を開けた。

3

網戸補修シールは大きな穴にも対応できるので、不織布を挟んで使用する。

4

蓋に大きな穴を開けたかったので、加工しやすい方を手前にした。

5

ケース手前側の穴は塞がずに、不織布やタイベスト紙シールで通気性をよくした。

6

蓋上部と同じように、サイドも不織布を挟んだ網戸補修シールを使用。

7

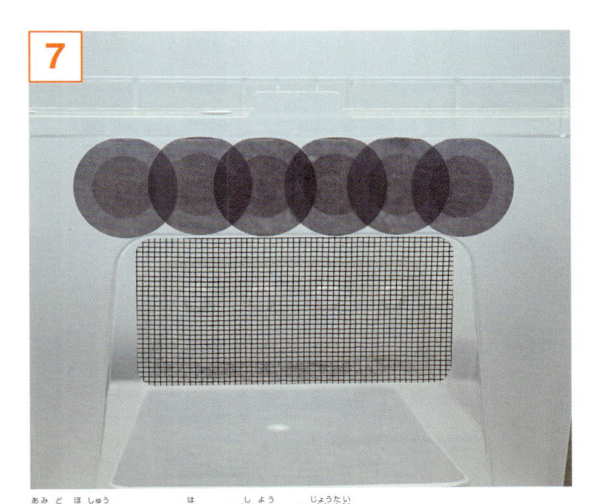

網戸補修シールを貼って使用した状態。

8

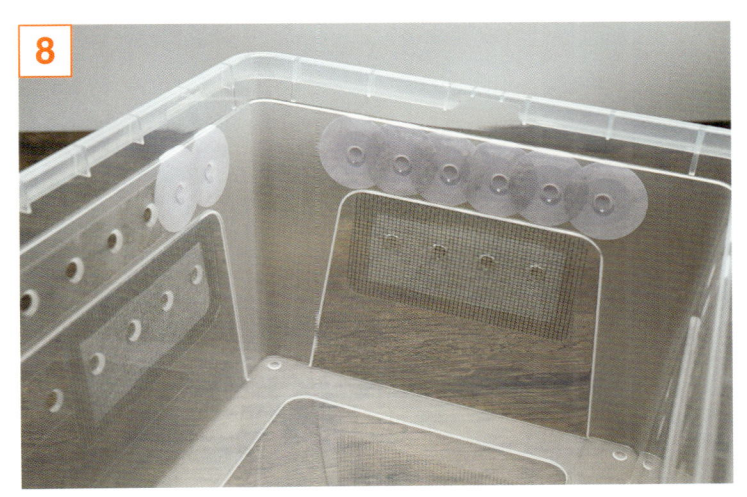

内側から見るとこのようになっている。

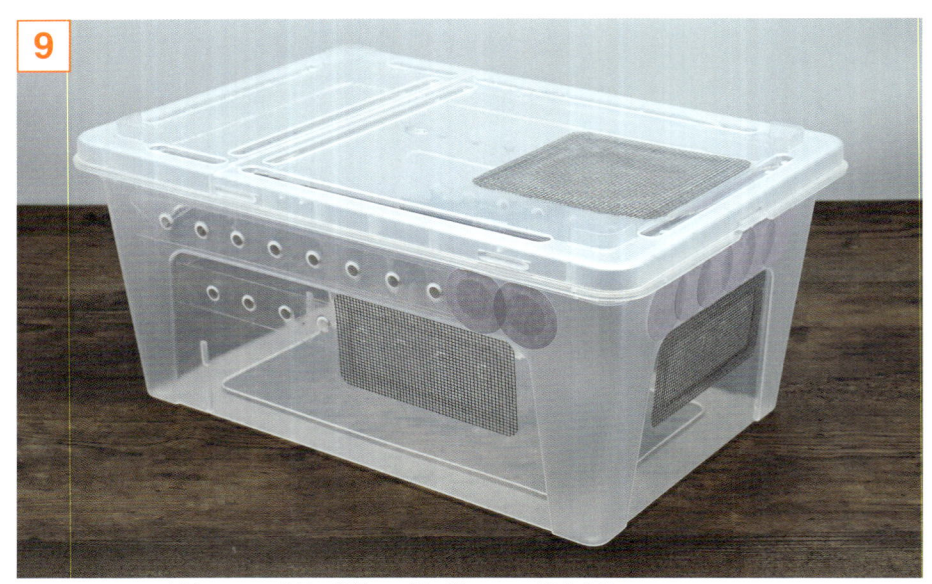

9

飼育ケースの完成。奥側は、穴を塞いである程度保湿できるようにした。

10

奥側が保湿できるように赤玉土を多めに敷いていく。

11

赤玉土をある程度加水しておく。

12

とりあえず色が変わる程度に加水しておけばよいだろう。

13

基本飼育セットで紹介した床材を入れる。

14

床材を少し多めに敷いている状態。樹上性のダンゴムシであれば、それほど多くなくてよい。

15

写真では湿っているように見えるがそれほど湿ってはなく、ややサラサラしている状態。

16

程よく加水したミズゴケをケースの奥部分に配置。

17

基本的なものが設置し終わった状態。

18

餌皿とカトルボーンを入れる。

19

今回は少々大きめの植木鉢の受け皿を、餌皿として使用した。

20

地衣類がついた樹皮や枝などを立体的に配置して、高さを出している。

21

セットの終わったケースを上から見た状態。

ダンゴムシを投入。今回は
スカーレットを飼育する。

蓋をしてもかなり通気性を確保できるケースの完成。

やはり樹皮に登り、通気性の良い場所を好むようだ。

ぜひ、美しいダンゴムシの飼育に挑戦していただきたい。

霧吹き、給水の方法

　ダンゴムシの飼育で最も大切なのが湿度管理です。慣れてしまえばそれほど難しくはないですが、乾きすぎず、同時に蒸れさせないことが大切です。ある程度の通気性を確保して、2〜3日に一度はしっかりと加水してあげましょう。

　まず、オカダンゴムシはカラカラにならないように、ケース半分に置いたミズゴケや腐葉土に軽く霧吹きしてあげるだけで良いです。あまりやりすぎてベチャベチャにならないようにすることが大切です。また、ケースの底に赤玉土を敷いている場合、赤玉土が乾燥したようであれば洗浄瓶を使って、赤玉土に水が入るように加水してあげます。

　多湿を好む種類のダンゴムシは全体的に霧吹きしてあげても良いですが、夏場などの蒸れには注意が必要です。湿らせすぎてしまったら、半日ほど蓋を開けて風通しを良くしてあげると良いです。

　上手に飼育するには、最初にしっかり飼育ケースをセットすることが大切です。良い飼育ケースをセットできれば、その後の飼育やメンテナンスが楽になりますし、適切ではないケースだと頑張りが無駄になってしまいます。また、霧吹きや加水の加減は種によって違うので、個体を購入の際、きちんと情報を聞いておくことが大切です。

霧吹き

一般的な霧吹きで問題なく使用できる。できれば、ノズルが長いタイプを購入しておくと使用しやすく便利。

洗浄瓶

ポリエチレン製などの洗浄瓶を用意しておくと、部分的な加水に重宝する。やや大きめのものを購入した方が給水の回数を控えられて便利。

霧吹きの様子

多湿を好むダンゴムシは、ケース半分の全体を霧吹きしてあげる。

基本的にはミズゴケを中心に霧吹きすると良い。

洗浄瓶での加水

乾燥気味を好むダンゴムシは、洗浄瓶でケースの底にある赤玉土付近に水を入れてあげる感じで加水する。

飼育ケースのメンテナンスとリセット

飼育ケースをしっかり作ってダンゴムシを飼育していても、それだけでずっと飼育できるわけではありません。犬や猫を飼育していてもトイレの掃除をしたり、金魚やメダカを飼育していたら水換えを行います。それらと比べれば頻繁ではないですが、床材やミズゴケが劣化した場合はその部分を交換してあげる作業が必要です。

また、部分的に交換するだけでは劣化に追いつかなくなることもあります。種類によっては床材の劣化にとても弱い種もいるので、ある程度の期間が経ったら飼育セット自体をリセットしてあげると良いでしょう。その際、廃棄する床材と一緒にダンゴムシが混ざってしまうことがあるので、細心の注意を払って行いましょう。そして、廃棄床材は冷凍保存後など環境に配慮して廃棄するようにし、自治体のルールに沿って適切に対処することが大切です。

飼育ケースのメンテナンス

グッズ1

ダンゴムシを見逃さないため、メンテナンスやリセットには白いケースがあると便利。

グッズ2

ふるいや金属製の網があると、床材を廃棄する際にとても便利。

1

床材の表面やミズゴケが劣化してきたので交換する。

2

ミズゴケは全部交換する方が良い。

3

ダンゴムシがついていないか確認しながらミズゴケを取り出す。

4

取り出したミズゴケや落ち葉。

5

ミズゴケはしっかりチェックする。この時白いケースだと確認しやすい。

6

床材の表面に溜まったフンなどをすくい、ふるってダンゴムシが入っていればケースに戻す。

7

取り出した分くらいの新しい床材を追加する。

8

ミズゴケも新しいものに交換する。

9

新しい落ち葉を入れる。

10

飼育ケースのメンテナンスが完了。

飼育ケースのリセット

1

床材など全体的に劣化してきたので、飼育ケースをリセットする。

2

ミズゴケや樹皮などを取り出しながら、ダンゴムシを見つけたら捕獲する。

3

4

とりあえず捕獲したラバーダッキー。残念なからだいぶ少なくなってしまった。

ミズゴケにくっついていることも多いので、しっかりチェックする。

5

床材の中も十分にチェックし、捕獲忘れがないようにしたい。

6

チェックすると、床材の中にダンゴムシが残っていた。何度も確認しよう。

7

廃棄する床材は冷凍処理などするか、空気を抜いたこのままの状態で1～2週間は保管する。その後、自治体のルールに沿って廃棄する。

8

あとは、飼育ケースをセットした時と同じようにセットする。

9

新しいケースにダンゴムシを戻す。

10

飼育ケースのリセットが完了。

コラム③
アンプル加水

数日間、家を空けるくらいなら加水しなくても大丈夫で、あまり余計なことをしない方がよいことも多いのですが、やや長期間にわたって加水ができないときに考えてみたいのが、アンプル（少量の液体などを入れるプラスチックなどの容器）での加水です。

植物に液体肥料を徐々に与えるためのアンプルをよく洗い、水を入れて使用してみました。ミズゴケのあたりに刺して使用してみると、徐々に加水できているようです。アンプルの先端がミズゴケにあたる角度によってはうまく加水できなかったり、思いのほか早く放水されたりなどもありましたが、試してみる価値はありそうです。先端のゴムキャップの大きさや有無で、加水の量を調節できるようにしたいです。

液肥用のアンプル

このアンプルだけの販売はしていないようなので、安価な液肥を出して水を入れてみた。

自動加水の様子1

どうしても留守中に加水したいケースに使用した様子。

自動加水の様子2

先端のゴムキャップをハサミで切って使用すればごく少量ずつ。キャップを外してもある程度の量が徐々に加水された。

第5章 ダンゴムシの殖やし方

しっかりセットした飼育ケースで飼育していれば、ダンゴムシは簡単に殖えてくれます。マンカ幼生や幼体はとても可愛らしいので、実際に見てもらいたいです。

ダンゴムシの殖やし方

メスは保育嚢に産卵する

ダンゴムシを飼育していると、背中に他のダンゴムシが乗っかっているところをよく見ます。これはダンゴムシの求愛行動で、メスの脱皮が終わった良い状態であれば交尾をします。そして、他の甲殻類や「ムシ」などと同様に卵を産んで繁殖しますが、直接卵を産み落とすわけではありません。ダンゴムシの仲間は、腹部にある保育嚢と呼ばれる薄い膜の中に産卵し、孵化した幼生はある程度の期間を保育嚢の中で過ごし、脱皮をするため保育嚢を破って親個体から放たれるのです。

保育嚢を破られてしまうとメス個体にダメージがありそうですが、保育嚢は腹部の卵の上に薄いラップをしたようなものなので大丈夫です。最初は放った幼生を守るようにじっとしていますが、時間が経つと何事もなかったように産卵前の日常に戻ります。産まれたてのダンゴムシを含むワラジムシ目の幼生は「マンカ幼生」と呼ばれ、第7歩脚を欠く以外は成体とほぼ同じ姿ですが、脱皮をして成体と同じ7対14本の歩脚となります。ダンゴムシの幼体は、最初は透明感のある乳白色の体色ですが、脱皮を重ねて成長すると親の体色に近づいていきます。

保育嚢の中で孵化した、ダンゴムシのマンカ幼生。

歩き出したダンゴムシの赤ちゃん。2mm程度しかないが、すでに1匹で生きていく強さがある。

オス・メス両方を採集する

　第4章でセットした飼育環境で飼育すれば、ダンゴムシは簡単に殖えてくれます。ただし、採集の時に大きいからといって喜んで黒みの強いオスだけを捕まえては殖えないので、茶色い体色のメスも捕まえておくことが大切です。ルーペなどで腹部を見れば確実ですが、オカダンゴムシはオス・メスに色彩差があるので比較的簡単に判別できるのです。繁殖を考えて採集する場合は、オス・メスのバランスを考えて持ち帰るようにし、最低でもオス・メス5匹程度は確保できれば安心です。大きいケースで飼育できるなら10匹ずつくらい採集できればベストです。

　季節にもよりますが、もうすでにお腹に卵や幼生を持っているメスの場合もあるので、早ければ数日、遅くても1～2カ月もあれば赤ちゃんが産まれるはずです。産まれてきた小さなダンゴムシも、飼育環境や餌は親と同じもので大丈夫で、赤ちゃんダンゴムシの飼育も難しくないです。ただし餌のサイズには気を使って細かくしてあげた方が安心です。とは言ってもケース内の腐葉土や、落ち葉などのカスを食べているので、過度に気を使わなくても大丈夫です。

　また、外国産の通気性の良い飼育環境が適しているダンゴムシであっても、幼体は湿潤な場所を好む傾向があるので、ケース内の乾燥には注意が必要です。幼体の隠れ家を湿潤な場所と通気性の良い場所など、色々なところに作ってあげるのが良いでしょう。

メスに求愛するオスのダンゴムシ。メスは迷惑そうにしていることが多い。

メスが繁殖に適した状況であれば交尾し、その後産卵することになる。

繁殖での注意点

ダンゴムシを飼育していて順調に数が多くなっていくと、ある一定の時期から一気に数を減らして、最悪の場合、全滅することがあります。飼育数が多くなって老廃物などによるケースの環境が悪くなることはもちろんですが、それを除外しても起こることが多いです。これは、どんな生物でも言えることで、ネズミなどの実験でも証明されています。数が多くなると新しい環境を求めるのです。

そのため、ダンゴムシを殖やす上で大切となってくるのが、ケースを増やすことです。一気にリセットしてしまうのではなくて、最初のうちは半分程度の個体を移動するようにして、ジリ貧になるリスクを回避するのがよいでしょう。「ケース分け」などと言われる方法で、もう一つ同じ環境の飼育ケースをセットして半分程度の個体を分散するか、もしくは別の種類を飼育する感じで、5〜10ペア程度の個体を移動して新しく飼育します。

また、長期にわたって飼育していると、種類によっては累代繁殖の弊害で小型化したり、繁殖が難しくなったりします。そのため、血が濃くならないように新しい親個体を追加投入することも有効でしょう。

採集したダンゴムシであれば、同じ場所で数ペアの親個体を追加採集して投入しても良いです。購入した外国産のダンゴムシであれば、同じ種類のダンゴムシを再度購入して追加投入すると安心です。ただし、種類によっては見た目はそっくりでも別の系統であったりするので、しっかり調べることが大切です。

そして、ダンゴムシの寿命は3年程度と言われていますが、飼育下だと2年程度だと思います。うまく繁殖が行えている飼育ケースであれば、気付かないうちに世代交代が進んでいるので、親個体がいなくなったことを把握できないことも多いです。ただ、環境の悪化や病気などで大量に死んでしまった場合は、床材と一緒に保管して、適切に焼却処分することが大切になります。

それらを含めて、必ず守ってほしいことがあります。購入したダンゴムシは言うまでもなく、採集したダンゴムシであっても自然に放してしまうことは厳禁です。一度飼育したダンゴムシが放された場合、採集した場所にはない病原菌やバクテリアなどを一緒に運んでしまうかもしれないのです。飼育したダンゴムシは、必ず最後まで飼育することがルールなのです。

親元から離れて動き出したダンゴムシの赤ちゃん。

産まれたばかりのマンカ幼生。赤いダンゴムシであっても、産まれたては透明な種がほとんど。

在来のコシビロダンゴムシの幼体。

最初の脱皮をするダンゴムシ。

地衣類や苔

地衣類や苔がついている樹皮は、ダンゴムシの飼育ケースに使用するレイアウトアイテムとして適しています。そして、餌としても優れている場合があります。特に地衣類を好んで食べる種は多く、それらの幼体なども食べてくれるので、繁殖の歩留まりも良くなる傾向があります。ただし、地衣類は苔ではありません。名前に「コケ」と入っている種類が多いのですが、分類的に全く違う植物です。

コフキメダルチイやシロムカデゴケなどの地衣類は都市部でも見ることができ、これら地衣類のついた樹皮を使用すると樹上性のダンゴムシはとても喜びます。やや大きいエビラゴケなどは大型種の飼育に使用しても良いでしょう。地衣類のついた樹皮はダンゴムシの良い隠れ家になるのはもちろん、種類によってはかなり好んで食べてくれます。

筆者の経験上、オカダンゴムシやコシビロダンゴムシより外産のワラジムシの仲間の方が地衣類をよく食べたので、樹上性のダンゴムシに適していると思います。ただし、いくら良い地衣類がついているとしても、樹皮を木から直接剥がすのはやめましょう。必ず下に落ちている

ものを拾って持ち帰ることがルールです。

そして、こんなに世界中で繁栄している苔ですが、苔を食べる生物は驚くほど少ないです。ダンゴムシも例外なく、苔の胞子は食べたりしますが、地衣類と苔の両方がある場合、ほぼ地衣類の方を好んで食べます。地衣類を食べ切ってしまうと苔を食べることもありますが、それほど好んでないようです。

桜の木につく地衣類と苔。明るい緑と白が地衣類で、濃いグリーンが苔。

地衣類の分類はとても難しく、種類数もとても多い。ただし、苔との見分けは容易。

ヒナノハイゴケ。街路樹などで最もよく見かける苔。

タチヒダゴケ。苔の胞子体はダンゴムシも食べるようだ。

地衣類と苔のついた樹皮。木から剥がさず、必ず落ちているものを拾うこと。

第6章
日本と世界の
ダンゴムシ
図鑑

ここでは日本にいるダンゴムシはもちろん、世界中の美しいダンゴムシも紹介します。日本では想像もできない奇想天外なダンゴムシたちをご覧ください。

近年、ちょっとしたダンゴムシブームが来ています。ヨーロッパなどから美しいダンゴムシが少量ずつながら紹介されるようになって、少しずつダンゴムシを飼育する愛好家が増えてきました。それと並行するように、東南アジアからも様々なダンゴムシが輸入されるようになり、さらに人気が上がっています。

しかし、多種多様なダンゴムシを見られるのはとても嬉しいことですが、あまりにもハイペースで新しいダンゴムシが紹介されると混乱してしまう弊害もあります。特に東南アジアなどのダンゴムシに言えることですが、正式な名前がついていない種が多く、現在研究が進められている状況です。

そんな中、'メルラネラ'と呼ばれるダンゴムシが、アルデンティエラ属 *Ardentiella* に移るとの見解がありました。まだ、決定ではないために、ここではメルラネラ属として紹介していますが、今後、多くの情報が届いていくでしょう。

身近なダンゴムシ

オス個体

メス個体

76

オカダンゴムシ

Armadillidium vulgare

体長：15mm
生息地：地中海沿岸原産
湿度・通気性：適応力高い

一般に「ダンゴムシ」と呼ばれている種。元々は地中海沿岸に生息する外来種だが、明治時代以降に移入したものが全国に広まっている。採集、飼育ともに容易で、子供たちが飼育・観察を楽しめる。餌は腐葉土や落ち葉、金魚やカメの餌、野菜などなんでも食べてくれる。乾燥や蒸れにも広く順応できる。性的二型があり、大抵はオスの方がグレーが強くなる。

白スポットのオス
白いスポット模様が入ったオス個体。探してみると色々な体色の個体が見つけられるのが楽しい。

黄色スポットのオス
メスのような黄色い模様が入っているが、完全なオスの個体。

オカダンゴムシ　メスのカラーバリエーション

赤みが強い個体

黄色の斑模様の個体

黄色のスポットが大きい個体

黒みが強い個体

オカダンゴムシの品種

選別交配などで系統維持されているオカダンゴムシ

ストロベリー

赤身の強い個体を元に選別交配された品種。オリジナルのオカダンゴムシと同様に、飼育は容易。

アルビノオカダンゴムシ T-

色素をほぼ生成できない真っ白なアルビノ品種。ダンゴムシを採集していると稀に発見できるが、系統維持して販売されているので入手は容易。

アルビノオカダンゴムシ T+

チロシナーゼを生成できるため、やや赤身のある黄色を発色するのが特徴。

オカダンゴムシ・マジックポーション

独特の美しさから、ダンゴムシ飼育の登竜門的存在。白地に黒と黄色のスポット模様が入り、オカダンゴムシの品種の中で最も人気がある。

ハナダカダンゴムシ

Armadillidium nasatum

体長：15mm
生息地：ヨーロッパ西部原産
湿度・通気性：適応力高い

近年になって、横浜や神戸、広島などの港町で定着しつつある外来のダンゴムシ。オカダンゴムシよりやや扁平で、頭部の突起が大きいことからこの名がある。腹尾節も尖り気味の特徴があるので、判別は容易。オカダンゴムシと同様に適応力が高いので、飼育が容易。

ハナダカダンゴムシの突起

ハナダカダンゴムシの腹尾節

ハナダカダンゴムシ・オレンジ
赤みの強いオレンジタイプ。ハナダカダンゴムシも系統維持された品種が見られる。

ハナダカダンゴムシの色彩変異個体
かなり黒の色素が少なくなっているタイプ。この色彩で系統維持されている。

日本のダンゴムシ

ここで紹介するのは、日本在来種。古くからある公園や神社などの林にも生息している。

トウキョウコシビロダンゴムシ

Spherillo obscurus

関東、東海近隣に生息する在来のダンゴムシ。市街地ではほとんど見ることができないが、都心でも古くから残る公園や神社仏閣の林などで細々と生息している。しかし、とても小型で発見するのは一苦労。飼育は難しくなく、乾燥に注意して多湿の腐葉土などで飼育すると良い。

体長：8mm
生息地：関東、東海地方
湿度・通気性：湿潤を好む

セグロコシビロダンゴムシ

Spherillo dorsalis

体長：9mm
生息地：関東以西
湿度・通気性：湿潤を好む

→ウキョウコシビロダンゴムシにとてもよく似ているが、全体が黒く発色し、背部のオレンジ色の発色がない。ただ、中間的な発色の個体もいて見分けは難しい。飼育はトウキョウコシビロダンゴムシと同様で問題ない。

シッコクコシビロダンゴムシ

Spherillo sp.

体長：8mm
生息地：西日本中心
湿度・通気性：やや湿潤を好む

西日本で多く見られる在来種で、セグロコシビロダンゴムシよりもさらに体側も黒く、全体的に透明感がない印象。頭部と腹尾節がオレンジに発色する個体が多い。ツヤのある個体群と、マットな個体群が見られる。

石垣島産
石垣島で撮影したタテジマコシビロダンゴムシ。

> 体長：12mm
> 生息地：主に南西諸島
> 湿度・通気性：やや通気性が必要

南西諸島では生息数の多い種として一般的に見られる。土の中よりも朽木などを好み、一箇所に固まっていることも多い。飼育はここまで紹介したダンゴムシより、ケースの通気性が大事となる。本州などでは局地的に生息している近縁種がいる。写真の個体は沖縄本島産。

タテジマコシビロダンゴムシ
Spherillo russoi

ニライカナイコシビロダンゴムシ
Spherillo sp.

> 体長：12mm
> 生息地：宮古島
> 湿度・通気性：やや通気性が必要

コクヨウコシビロダンゴムシとも呼ばれる、近年になって宮古島で発見されたダンゴムシ。洞窟近辺に生息していると言われ、飼育には石灰岩などを使用すると良い。通気性も良くすることが大切。

タマコシビロダンゴムシの一種
Spherillo sp.

> 体長：8mm
> 生息地：先島諸島
> 湿度・通気性：湿度と通気性が必要

石垣島や西表島、宮古島などの先島諸島に見られる小型種。在来種ではもっとも美しいダンゴムシとして知られている。以前のカガホソコシビロダンゴムシの名前で呼ばれ流通していることが多い。愛好家によって累代飼育された個体を入手できる。

コガタコシビロダンゴムシ
Venezillo parvus

熱帯域に広く分布する、かなり小型のコシビロダンゴムシ。オレンジ色を発色する個体が多く美しいが、肉眼で判断するのは苦労するサイズ。湿潤な環境を好み、ほとんどを土の中で暮らしている。

体長：8mm／生息地：日本を含む亜熱帯〜熱帯域に広く分布
湿度・通気性：湿潤を好む

ネッタイコシビロダンゴムシ
Cubaris murina

沖縄県などに人為的に移入したと思われる、外来のネッタイコシビロダンゴムシ。写真の個体は那覇市の街路樹で採集したもの。適応力が高く、飼育が容易な種。

体長：9mm／生息地：日本を含む亜熱帯〜熱帯域に広く分布
湿度・通気性：適応力高い

フチゾリネッタイコシビロダンゴムシ
Armadillidae gen.sp.

石垣島や西表島などに生息するコシビロダンゴムシの仲間。樹上性が強く、朽木などで見ることができる。愛好家に多く飼育されているので、爬虫両生類のショップなどでも販売されている時がある。

体長：12mm／生息地：八重山諸島
湿度・通気性：やや通気性が必要

ミヤココシビロダンゴムシ
Armadillidae gen.sp.

宮古島などに生息する、在来種の中では大きく成長するダンゴムシ。とくに体高があるのが特徴で、ずんぐりした体型が人気。選別交配によって、オレンジ色が強い個体の販売もされている。飼育は難しくない。

体長：13mm／生息地：宮古島、伊良部島
湿度・通気性：比較的適応力高め

体長：20mm
生息地：日本全国の海岸
湿度・通気性：塩分と湿度が必要

ハマダンゴムシ
Tylos granuriferus

全国の自然が残る砂浜に生息する大型のダンゴムシ。ただし、ひとけやライトなどを嫌うので、道路のない静かな砂浜近辺で見ることができる。飼育は他のダンゴムシとはまったく異なり、砂と人工海水などを使用して、海岸の砂地を再現することが鉄則。

ここからは、日本のダンゴムシからは想像もできないような個性的な
ダンゴムシたちを紹介する。

ギリシャダンゴムシ
Armadillidium werneri

ギリシャダンゴムシ・オレンジ
強いオレンジ色の色彩変異個体を系統維持したタイプ。

体長：14mm	
生息地：ギリシャ	
湿度・通気性：適応力高い	

ギリシャに生息するスポット模様の美しいダンゴムシ。このスポット模様は5列なので他種との見分けができる。環境の適応力が高く、海外産ダンゴムシの入門種となっている。とてもよく殖えるので、大きめのケースを使用するか、殖えた個体をケース移動することが大切。

モンテネグロダンゴムシ
Armadillidium klugii

バルカン半島西部のモンテネグロやクロアチアに生息する美しいダンゴムシ。モンテネグロで採集された個体群が流通しているためこの名で呼ばれている。ギリシャダンゴムシに似ているが、スポット模様が3列なので見分けられる。このスポット模様は個体によって白や黄色のものが見られる。餌はなんでもよく食べてくれ、飼育はギリシャダンゴムシと同様に容易。

体長：16mm	
生息地：バルカン半島西部	
湿度・通気性：適応力高い	

モンテネグロプディング
赤い発色が少ない個体を選別交配したタイプ。グレーから淡い紫の発色になる。

クロアチア・ドゥブロブニク産
白いスポット模様が大きく、ゼブラダンゴムシのような赤いラインの入る個体が多い。

アルマディリディウム・ゲストロイ
Armadillidium gestroi

体長：16mm
生息地：イタリア
湿度・通気性：適応力高い

黄色い模様が大きく、やや大きく成長するため見応えのあるダンゴムシ。スポット模様というよりは、上から見ると逆三角形であることが多い。飼育はとても容易で、やや乾燥気味の環境を好むようだ。

アルバニアキボシダンゴムシ
Armadillidium sp.cf.frontetriangulum

体長：14mm
生息地：アルバニア
湿度・通気性：適応力高い

アルバニアに生息する、スポット模様が美しいダンゴムシ。体色はオスは黒みが強く、メスは赤みのある茶色に発色する。スポット模様はほとんどが5列で、中間の2列は斑なことが多い。

アルマディリディウム・ヴェルシコロル
Armadillidium versicolor

メス個体

体長：11mm
生息地：スロベニア
湿度・通気性：適応力高い

アルマディリディウム属の中では小型のダンゴムシ。本種も性的二型があり、メスはオスに比べて明るい発色をする。飼育は難しくないが、小型種なのでそれほど繁殖力は高くないようだ。写真はメス個体。

オス個体

濃い発色を見せるオス個体。

体長：13mm
生息地：シチリア島（イタリア）
湿度・通気性：適応力高い

シシリーダンゴムシ
Armadillidium sp.cf.badium

イタリアのシチリア島に生息するダンゴムシ。黄色いラインの入り方は個体差があり、最近は選別交配による全身がゴールドになる個体も見られている。かなりツヤツヤのダンゴムシで、タマヤスデのような印象がある。

ゼブラダンゴムシ

Armadillidium maculatum

体長：16mm
生息地：フランス
湿度・通気性：適応力高い

外国産ペットダンゴムシの代表種。日本人から見ると驚きのカラーパターンで、一気に人気種となった。ただし、ゼブラ模様は個体差があり、スポット模様の個体も多く出現するので、飼育者自身も選別交配をすると良いだろう。餌はなんでも食べるので飼育はとても容易。ケース内でよく殖えてくれる入門種でもある。

スポットタイプ
ゼブラダンゴムシを購入したり飼育していると、スポットタイプの個体も見られる。

イエローゼブラ
ゼブラ模様の白い部分が黄色く変異し、その個体を選別交配したタイプ。

ゼブラダンゴムシ・チョコレート
黒の色素が薄くなり、茶色が基調色となっている。ミルクチョコレートと言った感じ。

アルマディリディウム・コーキラエウム
Armadillidium corcyraeum

アルマディリディウム属では比較的小型のダンゴムシ。不規則に入る白い斑が面白く、個人的に上から見るのがおすすめ。なんでもよく食べ飼育は難しくなく、よく殖えるので入門種として優れている。繁殖していると稀に体色の薄い個体も出現し、シルバータイプとして選別交配している愛好家もいる。

| 体長：12mm |
| 生息地：ギリシャ |
| 湿度・通気性：適応力高い |

マブルザードダンゴムシ
Armadillidium espanyoli

| 体長：12mm |
| 生息地：スペイン |
| 湿度・通気性：適応力高い |

コーキラエウムと同様に、アルマディリディウム属では小型の種。アルマディリディウム属ではかなり珍しい白っぽい体色が魅力。飼育は容易で、明るい体色のダンゴムシの入門種。

アルマディリディウム・ルフォイ
Armadillidium ruffoi

| 体長：15mm |
| 生息地：イタリア |
| 湿度・通気性：適応力高い |

アルマディリディウム属の中でもっとも扁平な体型の種の一つで、色々なダンゴムシの特徴を併せ持ったような魅力を持つ。比較的適応力があり飼育は難しくない。

サメハダダンゴムシ
Armadillidium peraccae

| 体長：15mm |
| 生息地：イタリア |
| 湿度・通気性：適応力高い |

ハナダカダンゴムシの仲間で、名前の通り体中がサメの肌のようにザラザラしているのが特徴。よく見ると淡い紫がかった体色で美しい。飼育が容易な入門種。

クロアチアハナダカダンゴムシ
Armadillidium sp.

| 体長：17mm |
| 生息地：クロアチア |
| 湿度・通気性：適応力高い |

全身真っ黒な、比較的大型になるハナダカダンゴムシの仲間。かなりよく似たアフリカ原産と言われているフロンティロストレダンゴムシが流通しているが、関係はわかっていない。

体長：15mm
生息地：タイ
湿度・通気性：やや通気性が必要

外国産ダンゴムシ飼育ブームの火付け役となった人気種。以前は飼育が難しいと言われていたが、飼育環境がわかってきてポピュラー種になっている。樹皮の裏か葉の裏にくっついていて、床材にはほぼ潜らない。生息地のタイでは洞窟付近に生息しているとされる。

アンバーダッキー
Cubaris sp.

体長：16mm
生息地：タイ
湿度・通気性：やや湿潤を好む

ぱっと見のカラーリングはアンバーダッキーに似ているが、生態的にかなり異なる。本種の方が湿度を好み、歩くスピードもだいぶ遅い。床材に潜ることも多く、床材と密接した樹皮の間を好む。近々、新属で記載されるとの情報もある。

ラバーダッキー
Cubaris sp.

体長：15mm
生息地：タイ
湿度・通気性：やや湿度と通気性が必要

一時期は高額なダンゴムシとして知られていた人気種。餌によって体色が変化することが知られていて、葛の葉を与えると鮮やかな黄色を発色する。一般的な餌で育てたエッジが白い個体も、それはそれで魅力的だ。

レモンブルー
Cubaris sp.

ジュピター
Cubaris sp.

体長：15mm
生息地：タイ
湿度・通気性：やや湿度と通気性が必要

レモンブルーに似た体色だが、ラインが入るためにグラデーションが強いイメージ。本種も葛の葉を与えると黄色く発色する。ケース内が蒸れると、すぐに状態が悪くなるので注意したい。

アンバーファイヤーフライ
Cubaris sp.

体長：14mm
生息地：タイ
湿度・通気性：やや湿度と通気性が必要

アンバーダッキーやジュピターを混ぜたようなイメージだが、カラーバランスからくるものなのか、本種の方が短くやや小型に見える。丸っこい印象のある可愛らしいダンゴムシだ。

パークチョン
Cubaris sp.

体長：15mm
生息地：タイ
湿度・通気性：適応力高い

タイに生息する美しいネッタイコシビロダンゴムシ。カラーバランスが良く飼育も容易なので、外国産ダンゴムシ飼育の初心者におすすめ。色彩変異個体をブリードした品種も流通している。

チョンブリ
Cubaris sp.

体長：15mm
生息地：タイ
湿度・通気性：適応力高い

パークチョンによく似た種で、頭部や尾部にオレンジを発色しない。しかし、ブリードをしているとまれにオレンジの個体が出現することもある。突然変異なのか、以前に交雑してしまっているかは不明。

パンダキング
Cubaris sp.

レッドパンダ
パンダキングのレッドタイプ。

体長：12mm
生息地：タイ
湿度・通気性：湿潤を好む

可愛らしい体色と飼育の容易さで人気のポピュラー種。世界各地で盛んにブリードされているので、多くの品種を生み出している。かなり土に潜り脱皮も土中で行うことが多いので、床材を深くすることが大切。

ホワイトシャーク
Cubaris sp.

体長：8mm
生息地：タイ
湿度・通気性：やや湿潤を好む

美しい体色から人気の高いダンゴムシ。この仲間の中では最も小型の種だが、飼育は容易でとてもよく殖える。やや湿度のある環境を好み、床材の中でも落ち葉の上でも、スピードは遅いなりに比較的活発に行動する。

バンブルビー
Cubaris sp.

体長：13mm
生息地：タイ
湿度・通気性：適応力高い

丸っこい体型と体色がマルハナバチ（バンブルビー）のようなので、この名で呼ばれている。透明感はあまりなく、クリーム色っぽい印象。比較的適応力もあり飼育は難しくなく、初心者にもおすすめ。

ドワーフ
Cubaris sp.

体長：10mm
生息地：マレーシア
湿度・通気性：適応力高い

扁平系のダンゴムシの中では小型の種のため、この名前で呼ばれている（ドワーフ：背丈の小さい伝説上の種族）。日本の在来ダンゴムシのようなカラーリングが美しい。比較的飼育は容易で、小型のケースでの飼育にも対応できる。

レッドスカート
Cubaris sp.

体長：14mm
生息地：マレーシア
湿度・通気性：適応力高い

エッジに美しいオレンジを発色する、マレーシアに生息するダンゴムシ。この仲間の中ではなかなか動きが速いのでメンテナンスの際は注意したい。

オレンジタイガー
Cubaris sp.

体長：13mm
生息地：タイ
湿度・通気性：適応力高い

タイガー柄のダンゴムシとしては長く知られている種で、ドワーフを大きくした感じのダンゴムシ。飼育は難しくなく、ある程度の湿度と通気性があれば問題なく繁殖できる。

ホワイトピジョン
Cubaris sp.

体長：16mm
生息地：タイ
湿度・通気性：やや通気性が必要

その名の通り白っぽい体色が魅力的で、15mmを超えるダンゴムシ。一見弱々しく見えるが、比較的適応力は高い。個体によっては、グレーっぽい体色や、やや茶色っぽい個体も見られる。

グエン 'Nguyen'
Armadillidae gen.sp.

体長：20mm
生息地：ベトナム
湿度・通気性：やや通気性が必要

ベトナムに生息する全身がオレンジ色の大型ダンゴムシ。かなり扁平な体型で、成長すると20mmを超える。キュバリス属のダンゴムシとして流通しているが、詳細は今の所わかっていない。

ポーセリン 'Porcelain'
Armadillidae gen.sp.

体長：20mm
生息地：ベトナム
湿度・通気性：やや通気性が必要

ベトナムに生息する大型のダンゴムシ。体色はマレーシアやタイなどに生息する扁平なキュバリス属のダンゴムシに近く、馴染みのある体色。それなのに大型種と言う面白さがある。

ダスキー 'Dusky'
Armadillidae gen.sp.

体長：20mm
生息地：ベトナム
湿度・通気性：やや通気性が必要

ポーセリンやベックスなどと比べると、かなり明るい体色が特徴の大型ダンゴムシ。個体によってはオレンジ色が強くなるようだ。ある程度の通気性を確保できれば飼育は難しくない。

ソイル 'Soil'
Armadillidae gen.sp.

体長：20mm
生息地：ベトナム
湿度・通気性：適応力高い

ベトナムに生息する扁平な大型種の中では、最も飼育繁殖が容易なために普及種になっている。本種で飼育に慣れてから、色々なトログロディロ属を飼育するとよいだろう。体色はベックスよりも深くシックな印象。

ベックス 'Vex'
Armadillidae gen.sp.

体長：20mm
生息地：ベトナム
湿度・通気性：やや通気性が必要

扁平で幅広のスポーツカーのようなダンゴムシ。最大で20mmを超える大型種。新着種の飼育は一筋縄ではいかないものだが、近年のダンゴムシ飼育技術の向上で、飼育はそれほど難しくないようだ。

スフィンクス 'Sphinx'
Armadillidae gen.sp.

体長：17mm
生息地：ベトナム
湿度・通気性：通気性が必要

ベトナムに生息する独特な体色が魅力のダンゴムシ。長さがそれほどないために、円形に近い体型が可愛らしい。この仲間の中では飼育がやや難しく、繁殖にはクセがあるようだ。

ロノミア 'Lonomia'

Troglodillo sp.

体長：16mm
生息地：ベトナム
湿度・通気性：通気性が必要

トログロと呼ばれる、トログロディロ属の超扁平なダンゴムシ。この仲間は腹尾節が楕円形の独特な形で、現在もっとも注目の高いカテゴリーのひとつ。トログロディロ属のダンゴムシは、ベトナムや中国南部の山岳地帯の洞窟近辺に生息している。

モス 'Moth'

Troglodillo sp.

体長：16mm
生息地：ベトナム
湿度・通気性：通気性が必要

中央の蛍光イエローグリーンと、体節と平行に入るラインが美しいダンゴムシ。トログロディロ属の特徴でもある、ワラジムシのように長い触角が魅力的。名前の'Moth'は蛾の意味で、ベトナムの蛾と似ているのだろうか。

グラススケルトン 'Glass Skelton'
Troglodillo sp.

透き通った乳白色の体色が魅力的なダンゴムシ。飴色のラインも美しい。扁平かつ大型のダンゴムシのためかなり見応えがある。状態が悪くなると、ペタッとくっつかずに猫背のようになるので、環境の改善をしたい。

体長：18mm
生息地：ベトナム
湿度・通気性：通気性が必要

グリーンスポット 'Green Spot'
Troglodillo sp.

中国南部の山間部に生息するトログロディロの仲間。蛍光色のイエローグリーンの模様が素晴らしく、触角がオレンジ色なのも特徴的。一見飼育が難しそうだが、ある程度の湿度と通気性を確保できれば、比較的難しくない。

体長：17mm
生息地：中国南部
湿度・通気性：通気性が必要

グラス 'Glass'
Troglodillo sp.

体長：18mm
生息地：ベトナム
湿度・通気性：通気性が必要

楕円形の腹尾節を持つが、ダスキーなどのダンゴムシにやや近く、中間的にも見える。体中央は飴色、サイドは乳白色で美しい。トログロディロ属の仲間は洞窟性の種が多く、体色にも反映されているのだろう。

ケンティン
台湾に生息するシロウツリの原種。

台湾原産のケンティンと呼ばれるダンゴムシの改良品種。グラニットなどとも呼ばれ、外国産ダンゴムシの改良品種の中では古参の部類。飼育はとても容易で、一般的なダンゴムシの飼育方法で楽しめる。

シロウツリ
Nesodillo archangeli

体長：16mm
生息地：台湾
湿度・通気性：適応力高い

体長：13mm
生息地：ベトナム
湿度・通気性：適応力高い

ドリーム
Dryadillo sp.

透明感のある派手な色彩が美しいダンゴムシ。ベトナム産のダンゴムシの中では古参で、愛好家がキープし続けている。飼育は難しくなく、樹皮や大きめの落ち葉などを多めに入れてあげると良い。

体長：13mm
生息地：ベトナム
湿度・通気性：やや湿潤を好む

ベトナムに生息する、ダンゴムシとは思えない俊敏な種。樹皮に隠れていても、樹皮を裏返すとものすごいスピードで走り出す。飼育は難しくなく、繁殖すると全身がオレンジの個体や、深い紫色単色の個体が生まれる。

ベトナムファイヤー
Sinodillo sp.

オフィシナリス・レッド

アルマディロ・オフィシナリスの赤い発色の個体を固定したもの。

コシビロダンゴムシ科アルマディロ属のダンゴムシは、オカダンゴムシ科の良いところを併せ持った魅力がある。本種は腹尾節はコシビロだが、体型は体高がありどっしりとしていて、大型に成長する。繁殖もオカダンゴムシのように容易。土によく潜るので、床材は深めにすると良い。

アルマディロ・オフィシナリス
Armadillo officinalis

体長：18mm
生息地：イタリア
湿度・通気性：適応力高い

アルマディロ・ツベルクラトゥスの成体

15mm近く成長した個体。

体長：13mm
生息地：ギリシャ
湿度・通気性：比較的適応力高め

ギリシャに生息するアルマディロ属のダンゴムシ。全身がイボイボなのが特徴で面白いが、成長とともにこのイボはなくなって全体的にザラッとした体表になる。飼育は難しくないが、流通量の少ないレア種。

アルマディロ・ツベルクラトゥス
Armadillo tuberculatus

体長：10mm
生息地：ベトナム
湿度・通気性：やや湿潤を好む

ベトナムに生息する全身がツヤツヤで小型のダンゴムシ。この個体のように背中にオレンジを発色するものや、真っ黒なものなど個体差が見られる。飼育は比較的難しくなく、やや湿潤な腐葉土での飼育が適している。

エコーイングバック
Venezillo sp.

体長：20mm
生息地：ベトナム
湿度・通気性：やや湿度と通気性が必要

ゴツゴツしたダンゴムシの中では最重量の種のひとつ。一旦丸まるとなかなか動き出さず、歩いてもかなりゆっくり移動する。飼育自体は難しくないようだが、繁殖のスピードが遅い。蒸れないように、夏場の高温には注意が必要。

ゴジラ 'GODZILLA'
Venezillo sp.

ダクシントリカラー
Venezillo sp.

体長：10mm
生息地：中国南部
湿度・通気性：やや湿潤を好む

中国南部に生息する小型のダンゴムシ。オレンジの頭部に黒い体、尾部と触角が白いと言う素晴らしいカラーバランス。このタイプのダンゴムシは、湿度のある腐葉土での飼育が適している。

ジャイアントバンブルビー
Filippinodillo sp.

体長：20mm
生息地：フィリピン
湿度・通気性：やや湿潤を好む

フィリピンに生息する大型のダンゴムシで、この仲間独特の斑模様が特徴的。飼育は難しくなく比較的容易に殖えてくれるが、大型のダンゴムシなので床材を汚すスピードがはやいので注意が必要。

ニューカレドニアコシビロダンゴムシ
Merulana translucida

体長：20mm
生息地：ニューカレドニア
湿度・通気性：やや湿潤を好む

落ち葉のような扁平な体型と体色のダンゴムシ。体色には個体差があり、全身に模様が入る個体や、あまり入らない個体も見られる。樹上性のダンゴムシなので、樹皮や落ち葉を多く使用すると良い。

スカーレット 'Scarett'
Merulanella sp.

体長：14mm
生息地：ベトナム
湿度・通気性：湿度と通気性が必要

　2022年ごろから日本でも見られるようになった、ダンゴムシ飼育者を驚愕させた体色を持つ美種。体色のバリエーションは様々で、赤の発色が少なく、黒の発色が多い個体がトリカラーとして流通することも多い。飼育環境にもよるが飼育は比較的難しく、湿度と通気性のバランスを良くしなければならない。樹上性なのでケース内に高さを出すことが大切。

　ここで紹介する'メルラネラ'*Merulanella*と呼ばれるダンゴムシたちは、アルデンティエラ属 *Ardentiella* に移る見解もあるが、まだ確定ではないために、ここではメルラネラ属として紹介する。

トリカラー 'Tricolor'
Merulanella sp.

体長：14mm
生息地：ベトナム
湿度・通気性：湿度と通気性が必要

赤と黒、黄色の発色が美しく、この仲間の中では最もポピュラー。カラーバランスは個体差が大きく、選別する楽しみもある。湿度と通気性をしっかり確保できれば、比較的飼育は難しくない。

ブリスターファイヤー 'Blister Fire'
Merulanella sp.

体長：14mm
生息地：ベトナム
湿度・通気性：湿度と通気性が必要

トリカラーよりも赤の発色と面積が多く、深い赤の発色が美しい。黒の発色も濃く、より締まった印象。飼育はスカーレットなどと同じように、湿度と通気性を確保することが大切。

クアッドカラー 'Quad Color'
Merulanella sp.

体長：14mm
生息地：ベトナム
湿度・通気性：湿度と通気性が必要

触角やからだに白抜けしたような部分があるため、4色に見えることからこの名がある。白い部分があるとかなりポップな色彩に感じる。飼育にはやはり湿度と通気性が大切。

イナシウスの別個体
全く違う種のような黄色っぽい個体。

体長：14mm
生息地：ベトナム
湿度・通気性：湿度と通気性が必要

イナシウス 'Inacius'
Merulanella sp.

メルラネラ属の中では新しく紹介されたダンゴムシ。トリカラーとレッドディアブロを合わせたような色彩が特徴。繁殖すると、全く別の種のような黄色いタイプの個体が出現するのも面白い。

ピンクランボ 'Pink Lambo'
Merulanella sp.

体長：14mm
生息地：ベトナム
湿度・通気性：湿度と通気性が必要

驚くほどのピンクを発色するダンゴムシ。ここまでしっかりしたピンクは自然界では珍しい。個体によっては、基調色が黄色みのあるものも見られる。流通量は多くなく、高額なダンゴムシと言える。

レッドディアブロ 'Red Diablo'
Merulanella sp.

体長：14mm
生息地：ベトナム
湿度・通気性：湿度と通気性が必要

背中の黄色い模様が特徴的なダンゴムシ。以前は高価であったが、最近では流通量も多くなって比較的求めやすくなっている。メルラネラ属の中では比較的飼育が難しくないようだ。

クリムゾンディアブロ 'Crimson Diablo'
Merulanella sp.

体長：14mm
生息地：ベトナム
湿度・通気性：湿度と通気性が必要

エッジに見られる深い赤と、漆黒のからだでシックな印象のダンゴムシ。所々に入るイエロースポットも印象的。最近になって紹介されたので、今後の安定した流通が望まれる。

イエローホーネット 'Yellow Hornet'
Merulanella sp.

体長：16mm
生息地：ベトナム
湿度・通気性：湿度と通気性が必要

スズメバチ（ホーネット）の名があるように、黒い体色に綺麗なイエロースポットが並ぶ美しいダンゴムシ。黄色い発色の面積には個体差があるので、選別しながら累代飼育をすると面白いだろう。

バイカラー 'Bicolor'
Merulanella sp.

体長：16mm
生息地：ベトナム
湿度・通気性：湿度と通気性が必要

赤い発色の素晴らしい種が多くなった近年では、やや地味に思えてしまうかもしれないが、個人的には橙色と黒いマットな発色のバランスが素晴らしいと思うダンゴムシ。

体長：16mm
生息地：ベトナム
湿度・通気性：湿度と通気性が必要

バイカラーよりもツヤのある明るい発色で、橙色から黄色のグラデーションが美しい。個体によっては胸節のサイドなどに淡くオレンジ色を発色することもある。

フェニックス 'Phoenix'
Merulanella sp.

パステル 'Pastel'
Merulanella sp.

体長：18mm
生息地：ベトナム
湿度・通気性：湿度と通気性が必要

体節の先端が尖り気味になるためジャキジャキした印象があり、カラーバランスも素晴らしいダンゴムシ。特にチークを入れたような体色が魅力的。飼育は少々クセがあり、比較的難しいと言える。

ワインウイング 'Wine Wing'
Merulanella sp.

体長：17mm
生息地：ベトナム
湿度・通気性：湿度と通気性が必要

明るい黄色の発色が美しい、やはりベトナムに生息するダンゴムシ。体色、フォルムともに素晴らしい。ベトナムの山間部にはどれだけのダンゴムシが生息しているのかと驚かされる。

ヴォルケーノ 'Volcano'
Merulanella sp.

体長：17mm
生息地：ベトナム
湿度・通気性：湿度と通気性が必要

茶色と黒のシックなダンゴムシだが、フォルムなどのトータルのバランスが良く、かなりかっこいいダンゴムシだ。しっかりと湿度と通気性を確保して飼育したい。

ブラックホール 'Black Hole'
Merulanella sp.

体長：19mm
生息地：ベトナム
湿度・通気性：湿度と通気性が必要

全身真っ黒の体色のためにこの名がある。好みが分かれるところだが、黒っぽいダンゴムシが好きな飼育者には圧倒的な人気を誇る。かなり大きく成長するので存在感は抜群。

ファントム 'Phantom'
Merulanella sp.

体長：19mm
生息地：ベトナム
湿度・通気性：湿度と通気性が必要

ブラックホールの第3、第4胸節の先端だけ黄色を発色させたような種で、この黄色の発色には個体差があり、腹節などにも現れることもある。ワンポイントがかなり目立つ。

ラヴァ 'Lava'

Merulanella sp.

体長：19mm
生息地：ベトナム
湿度・通気性：湿度と通気性が必要

ファントムよりも黄色やオレンジの発色する面積が広く、エンバービーに近い体色のダンゴムシ。個体によってはファントムのカラーバランスに近い発色を見せることもある。

体長：20mm
生息地：ベトナム
湿度・通気性：湿度と通気性が必要

ダンゴムシとは思えないサイズと体色で話題になった種。大型でかなりの重量感のあるダンゴムシだが、活発でよく動き回る。この仲間の中では飼育は難しくないと言われるが、湿潤を好むダンゴムシの飼育が得意な飼育者は慣れが必要。

エンバービー 'Ember Bee'

Merulanella sp.

ミルキーエッジ 'Milky Edge'

Merulanella sp.

体長：16mm
生息地：ベトナム
湿度・通気性：湿度と通気性が必要

この仲間の中では個性的な体色のダンゴムシで、キュバリス属によくあるカラーバランスと言える。個体によっては、頬紅をさしたように第1胸節などに赤を発色するものも見られる。

ホワイトスカルスパイキー

Laureola sp.

ダンゴムシの概念を覆す姿で人気のラウレオラの仲間。小型種だが全身トゲだらけで見るものを圧倒する。この仲間の飼育は難しいが、その中では比較的繁殖例の多い種。

体長：9mm
生息地：ベトナム
湿度・通気性：高い通気性が必要

幼生個体
生まれた時からトゲがある。

ホワイトストライプスパイキー

Laureola sp.

体長：7mm
生息地：ベトナム
湿度・通気性：高い通気性が必要

ホワイトスカルスパイキーよりもオレンジの発色が出るため、全体的に赤い印象のラウレオラ。個体によってはオレンジの発色がなく、ホワイトスカルスパイキーの黒い部分が多い感じのものもいる。

パンダスパイキー

Laureola sp.

体長：6mm

生息地：ベトナム

湿度・通気性：高い通気性が必要

ホワイトスカルスパイキーとホワイトストライプスパイキーの中間的体色のダンゴムシだが、かなりの小型種で飼育はとても難しい部類に入る。ケースに高さを出して高い通気性を確保したい。

アイボリースパイキー

Laureola sp.

体長：7mm

生息地：ベトナム

湿度・通気性：高い通気性が必要

全身の色がアイボリーなので、目の黒い部分がよく目立つ。足がよく見える体色なので、他のダンゴムシよりも足が長く見える。細いトゲを折らないように、掴むのではなく歩かせて捕まえる必要がある。

グリーンスカルスパイキー

Laureola sp.

体長：8mm
生息地：ベトナム
湿度・通気性：高い通気性が必要

体色がオカダンゴムシの仲間のようなラウレオラ。それが逆に目新しく感じる。飼育には樹皮や紙製の卵パックなどを使用して、ケース内で高さを出すようにすることが大切。

ドリアンスパイキー

Laureola sp.

体長：6mm
生息地：ベトナム
湿度・通気性：高い通気性が必要

オレンジ色の強い美しいラウレオラの仲間。この見た目とは違い、かなり歩き回る仲間で樹皮や止まり木などによく登る。そのためケース内を立体的にして飼育したい。

ヘッジホッグ
Armadillidae gen.sp.

体長：8mm
生息地：タイ
湿度・通気性：湿度とやや通気性が必要

レッドヘッドスパイキーとも呼ばれる、突起のある可愛らしいダンゴムシ。ラウレオラ属のダンゴムシとは違って長いトゲではなく、トゲ付きの鉄球（モーニングスター）のような印象。ラウレオラ属ほど飼育は難しくない。

デビルマスク
Armadillidae gen.sp.

体長：5mm
生息地：ベトナム
湿度・通気性：湿度と通気性が必要

超極小のトゲトゲダンゴムシで、撮影するのも一苦労なほど。流通量は極めて少なく、入手にはダンゴムシ愛好家が多く集まる即売会などのイベントに足を運ぶ必要がある。

シャイニーゲーター
Armadillidae gen.sp.

体長：9mm
生息地：タイ
湿度・通気性：比較的適応力高い

突起のあるからだと、丸っこい体型が可愛らしい個性的なダンゴムシ。丸まるとさらに面白い造形だ。飼育は比較的容易で、ある程度の湿度と通気性を確保できれば繁殖も難しくない。

ハンチバック 'Hunchback'

Armadillidae gen.sp.

体長：5mm
生息地：ベトナム
湿度・通気性：やや湿潤を好む

全身がゴツゴツで毛も生えた個性的なダンゴムシだが、極小。実物はびっくりするぐらい小型で、動きもとてもゆっくり。金平糖のカケラを落としてしまった感じで、肉眼だと捜すのに苦労する。

ボルネオコブコシビロダンゴムシ

Reductoniscus tuberculatus

ゴツゴツした極小の
ダンゴムシの中では
古参。とても小さい
ダンゴムシだが飼育

体長：6mm
生息地：マレーシア
湿度・通気性：湿潤を好む

はとても容易で、湿潤な腐葉土があれば問題なく飼育できる。繁殖も難しくなく、いつの間にか数多くなっている。

クリスタルマディリディゥム・ムリカトゥム

Cristarmadillidium muricatum

体長：7mm
生息地：スペイン
湿度・通気性：適応力高い

ムリカタムと呼ばれている、小型のトゲトゲ系ダンゴムシ。トゲトゲ系の中では最も飼育が容易で、一般的な飼育方法で問題なく飼育、繁殖が楽しめる。数が多くなったらケース分けすることが大切。

シュードアルマディロ・スピノスス

Pseudarmadillo spinosus

体長：9mm
生息地：キューバ
湿度・通気性：比較的適応力高い

スピノサスと呼ばれる、トゲ〜ゲ系ダンゴムシの人気種。キューバに生息する小型種だが、比類ないトゲトゲなからだで存在感は抜群。以前は高価であったが、比較的落ち着いてきている。

グリズリーベアー

Scleropactidae gen.sp.

体長：18mm
生息地：ベトナム
湿度・通気性：やや湿潤を好む

ベトナムに生息するかなり個性的なダンゴムシで、マミーの別名もある。あまり動くことがなく、樹皮などにしがみ付く力が強い。「擬死」と言う死んだふりも行うので注意が必要。

ヘレリア・ブレヴィコルニス

Helleria brevicornis

体長：20mm
生息地：イタリア
湿度・通気性：湿潤を好む

最も大型になるダンゴムシの一つで、海に生息するハマダンゴムシの仲間。ほぼ土の中で過ごし、飼育していても滅多に地上に現れない。カルシウムを加えた腐葉土で飼育するが、クワガタの幼虫用の菌糸を入れてみたら食べたようだった。

日本と世界の ダンゴムシ

飼い方 & 原色図鑑

2025 年 5 月 4 日　初版発行

著　者　佐々木浩之
編集人　横田 祐輔
発行人　杉原 葉子
発行所　株式会社 電波社
　　　　〒 154-0002　東京都世田谷区下馬 6-15-4
　　　　代表　TEL：03-3418-4620
　　　　　　　FAX：03-3421-7170
　　　　振替口座 00130-8-76758
　　　　URL:https://www.rc-tech.co.jp/
印刷・製本　株式会社 DNP 出版プロダクツ

乱丁・落丁本は、小社へ直接お送りください。
送料小社負担にてお取替えいたします。
※本文中の記事・写真などの転載を一切禁じます。
ISBN978-4-86490-288-5 C8645
©2025 HIROYUKI SASAKI DENPA- SHA CO.,LTD.Printed in Japan

［写真・文］佐々木浩之
［編集］　　コスミック出版
［デザイン］田中あつみ（コスミック出版）

［制作協力］
山﨑駿土
加山康之助

［協力］
bug bug bugs
七瀬（@isopods_7se）
DNG64
おだんごくらぶ
BUG.st
Arito
新宿ホイホイロード
うなとろふぁ〜む
プミリオ
ミュージアムパーク茨城県自然博物館
藍野雄一朗

［参考文献］
Visual Guideook of Japanese Isopod Vol.1「わらだん」

［使用機材］
OM デジタルソリューションズ OM-1
オリンパス EM-1 markIII
M.ZUIKO DIGITAL ED 90mm F3.5 Macro IS PRO
M.ZUIKO DIGITAL ED 60mm F2.8 Macro
OM SYSTEM M.ZUIKO DIGITAL ED 8-25mm F4.0 PRO

NIKON Z8
NIKON D850